Mi mundo y la ciencia: Nivel 1

NUESTRA MARAVILLOSA TIERRA

Patricia Armentrout
Traducción de Sophia Barba-Heredia

Un libro de El Semillero de Crabtree

CRABTREE
Publishing Company
www.crabtreebooks.com

Índice

Capas de la Tierra

Vivimos en la **corteza** de la Tierra. La corteza es la capa externa de nuestro planeta.

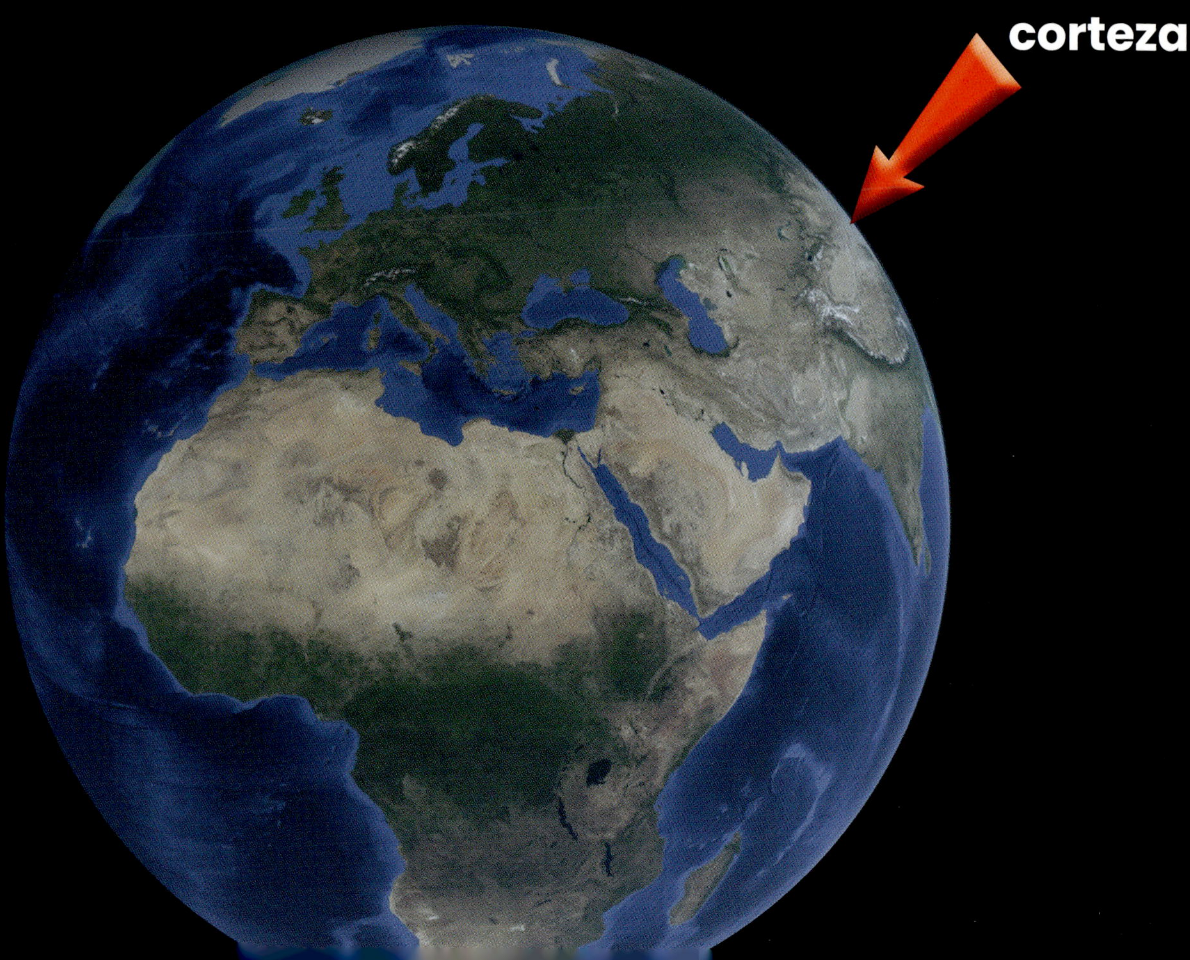

La Tierra tiene muchas capas.

La corteza de la Tierra está hecha de tierra, arena y rocas.

Encontramos tierra en los campos.

Encontramos arena en las playas.

Encontramos rocas en las montañas.

campo

playa

montañas

Millas debajo de la corteza está el **manto**. El manto es la capa más grande de la Tierra.

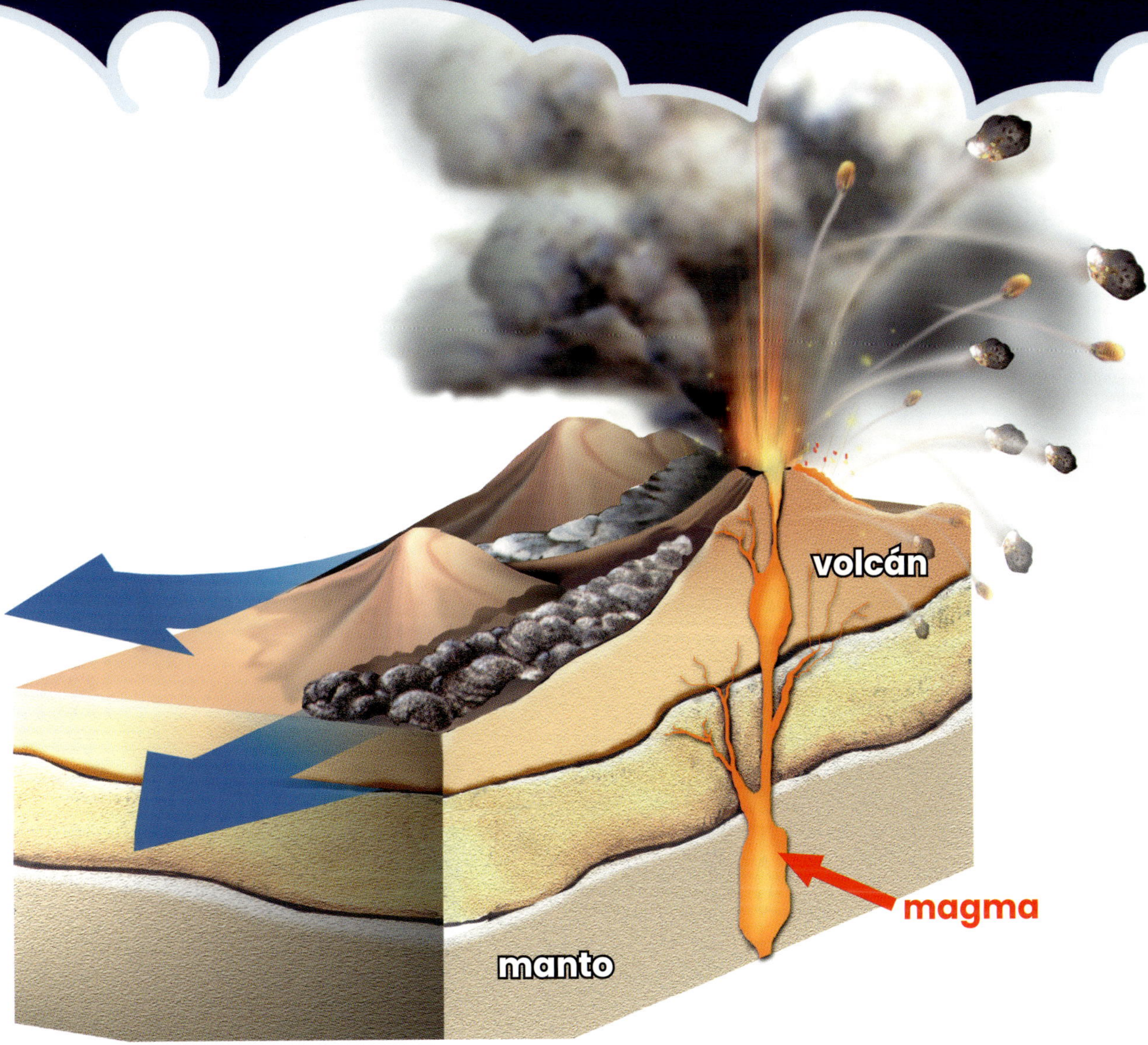

El **magma** caliente fluye desde el manto a través de los **volcanes** en la corteza.

En lo más hondo del manto están los núcleos interno y externo de la Tierra.

El núcleo externo es **líquido**. El núcleo interno es **sólido**.

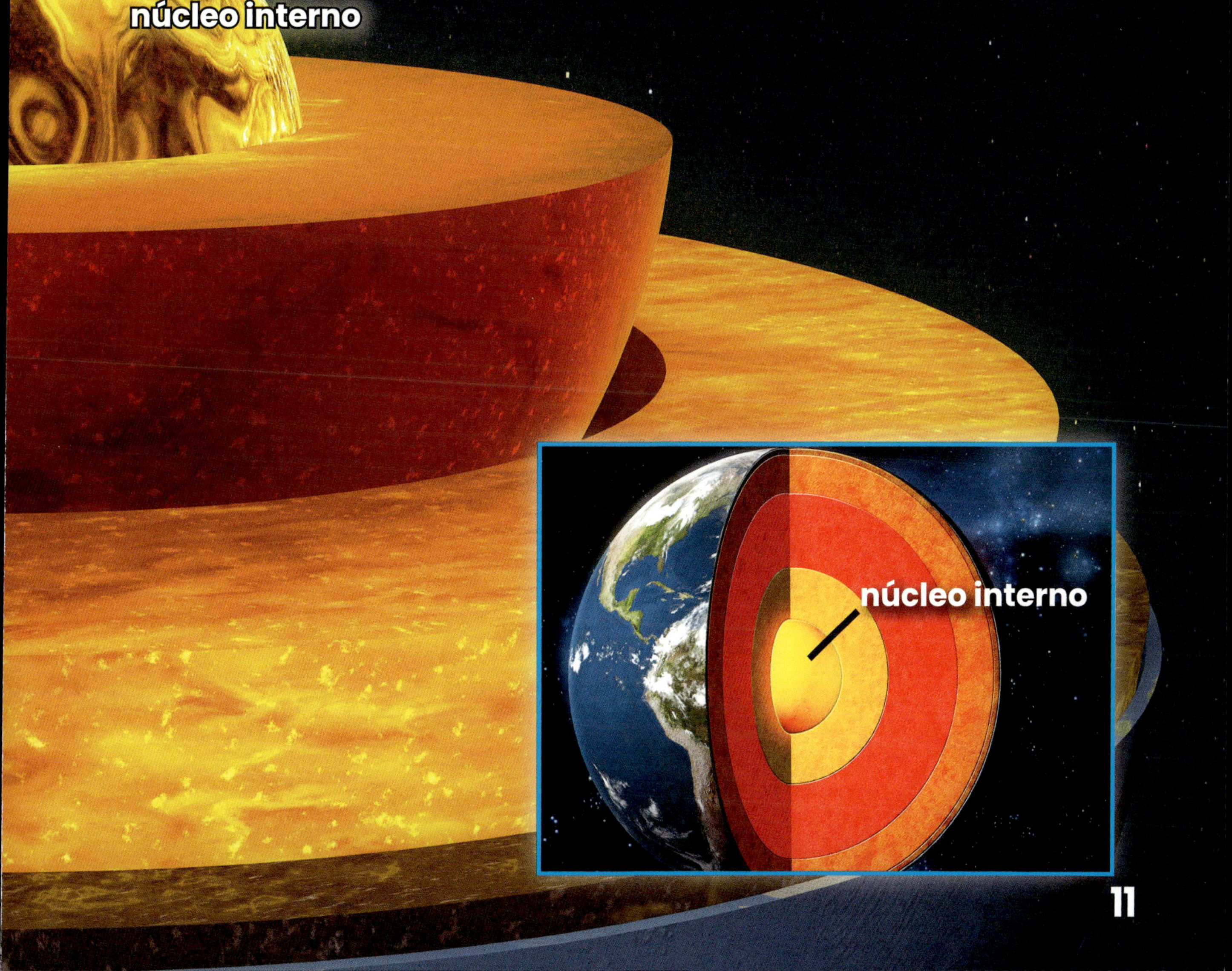

Atmósfera de la Tierra

Sobre la corteza de la Tierra está la **atmósfera**. La atmósfera tiene muchas capas.

La capa en la que vivimos tiene aire para que lo respiremos. Necesitamos del aire.

Sin el aire, no habría personas, plantas o animales.

También necesitamos al Sol. La luz del Sol calienta el aire, la corteza y el agua.

Esto causa los cambios en el clima, como el viento o la lluvia.

El viento y la lluvia deshacen rocas y tierra, causando **erosión**.

Con el tiempo, el viento y la lluvia ayudan a darle forma a la Tierra.

Sobre la atmósfera de la Tierra
está el espacio exterior.

atmósfera

El espacio es donde la Tierra da vueltas alrededor del Sol.

GLOSARIO

atmósfera: La mezcla de gases alrededor del planeta.

corteza: La dura capa exterior de la Tierra, donde viven personas, plantas y animales.

erosión: El deslave de tierra y rocas por el viento y el agua.

líquido: Sustancia húmeda que fluye y se puede servir.

magma: Roca derretida, muy caliente, que se encuentra en el interior profundo de la Tierra.

manto: Capa de la Tierra entre la corteza y el núcleo.

sólido: Material fuerte y firme que no es un líquido o un gas.

volcanes: Aperturas en la corteza de la Tierra por donde magma, gases, rocas y cenizas pueden escapar.

ÍNDICE ANALÍTICO

Apoyos de la escuela a los hogares para cuidadores y maestros

Este libro ayuda a los niños en su desarrollo al permitirles practicar la lectura. Abajo están algunas preguntas guía para ayudar al lector a fortalecer sus habilidades de comprensión. En rojo hay algunas opciones de respuesta.

Antes de leer:

- **¿De qué pienso que tratará este libro?** *Pienso que este libro es sobre muchos datos geniales sobre la Tierra. Pienso que este libro es sobre el centro de la Tierra.*
- **¿Qué quiero aprender sobre este tema?** *Quiero aprender cómo se forman los volcanes. Quiero aprender qué tan vieja es la Tierra.*

Durante la lectura:

- **Me pregunto por qué...** *Me pregunto por qué la Tierra tiene tantas capas diferentes. Me pregunto por qué existen los volcanes.*
- **¿Qué he aprendido hasta ahora?** *Aprendí que el magma caliente fluye del manto a través de los volcanes en la corteza. Aprendí que sobre la corteza de la Tierra hay muchas capas de la atmósfera.*

Después de leer:

- **¿Qué detalles aprendí de este tema?** *Aprendí que sin el aire no habría personas, plantas o animales. Aprendí que la corteza de la Tierra está hecha de tierra, arena y roca.*
- **Lee el libro de nuevo y busca las palabras del glosario.** *Veo la palabra **atmósfera** en la página 12 y la palabra **erosión** en la página 18. Las demás palabras del glosario las encuentras en la página 23.*

Library and Archives Canada Cataloguing in Publication

Title: Nuestra maravillosa Tierra / Patricia Armentrout ; traducción de Sophia Barba-Heredia.
Other titles: Our amazing Earth. Spanish
Names: Armentrout, Patricia, 1960- author. | Barba-Heredia, Sophia, translator.
Description: Series statement: Mi mundo y la ciencia: Nivel 1 | Translation of: Our amazing Earth. | Includes index. | "Un libro de el semillero de Crabtree". | Text in Spanish.
Identifiers: Canadiana (print) 20210261102 | Canadiana (ebook) 20210261110 | ISBN 9781039620339 (hardcover) | ISBN 9781039620407 (softcover) | ISBN 9781039620476 (HTML) | ISBN 9781039620544 (EPUB) | ISBN 9781039620612 (read-along ebook)
Subjects: LCSH: Earth (Planet)—Juvenile literature. | LCSH: Earth sciences—Juvenile literature.
Classification: LCC QE29 .A7618 2022 | DDC j550—dc23

Library of Congress Cataloging-in-Publication Data

Available at the Library of Congress

Crabtree Publishing Company

www.crabtreebooks.com 1–800–387–7650

Published in the United States
Crabtree Publishing
347 Fifth Ave.
Suite 1402-145
New York, NY 10016

Published in Canada
Crabtree Publishing
616 Welland Ave.
St. Catharines, Ontario
L2M 5V6

Written by Patricia Armentrout
Translation to Spanish: Sophia Barba-Heredia
Spanish-language layout and proofread: Base Tres
Print coordinator: Katherine Berti
Printed in the U.S.A./092021/CG20210616

Print book version produced jointly with Blue Door Education in 2022

Photo credits: www.shutterstock.com, www.istock.com. Cover: Earth © LOURDU PRAKASH XAVIER volcano © Steinhagen Artur. Title page and page 20-21 © muratart, Page 2-3 © Valentin Valkov. page 4 Earth © Tyler Boyes, page 5, 8 and 10-11 Earth's layers © Naeblys, page 6 soil © carroteater, rocks © Dino Osmic, mountain © Loreta Magylyte, field © AZP Worldwide, beach © DPiX Center; page 12-13 photo © Ratsamee, page page 13 and 22 illustrations © Designua; page 14 © Christopher Futcher, page 15 © Hung Chung Chih; page 16-17 © Monika23; page 18-19 © Jim Feliciano, Elena_Suvorova.